SITZUNGSBERICHTE DER DEUTSCHEN AKADEMIE
DER WISSENSCHAFTEN ZU BERLIN

Klasse für Medizin
Jahrgang 1959 Nr. 2

GERHARDT KATSCH

BETRACHTUNG ÜBER DIE FUNKTION DER KEIMBLÄTTER

AKADEMIE-VERLAG · BERLIN
1959

Vorgelegt von Hrn. KATSCH in der Plenarsitzung vom 23. 4. 1959
Zum Druck genehmigt am gleichen Tage, ausgegeben am 29. 9. 1959

Erschienen im Akademie-Verlag GmbH, Berlin W 1, Leipziger Straße 3-4
Lizenz-Nr. 202 · 100/764/59
Satz und Druck: IV/2/14 · VEB Werkdruck Gräfenhainichen · 1186
Bestellnummer: 2010/59/IV/2
Printed in Germany
Preis: DM 1,50
ES 18 G 1

Als vor fast 200 Jahren, 1768, noch vor der Entdeckung des Wirbeltiereies, durch schwache Mikroskope die Keimblätter der tierischen und menschlichen Embryonen, von denen ich heute sprechen will, bekannt und benannt wurden, erhielten sie ihren Namen sicherlich in Analogie zu den sehr viel länger bekannten, dem bloßen Auge erkennbaren Keimblättern der Pflanzen, die ja im LinnéschenSystem der Pflanzen eine bedeutende Rolle spielen. Beide Arten von Keimblättern, die pflanzlichen und die tierischen, sind Teile der entsprechenden Embryonen. Weiter aber geht die Analogie nicht. Die pflanzlichen Keimblätter spielen eine vorübergehende wichtige Rolle beim Auskeimen der Pflanze, beim Übergang vom Embryo zum Pflänzchen und gehen dann (mit sehr seltenen Ausnahmen) früh zugrunde. Die tierischen Keimblätter dagegen sind Durchgangsgebilde zu Beginn der Embryogenese; sie gehen nicht unter, sie gehen auf – in die sich weiter differenzierenden Organe und Gewebe. [1])

Man hat sie auch als Primitivorgane bezeichnet. Der Ausdruck findet sich schon bei Carl Ernst von Baer, dem Entdecker des Wirbeltiereies – freilich unter rein morphologischer Sicht, ohne daß diesen Primitivorganen bestimmte Funktionen zugeschrieben wurden. Der Ausdruck Primitiv*organ* drängt andererseits dazu, ihnen primitive oder vielleicht richtiger globale Funktionen zuzuteilen und sinnvoll zu benennen und somit dem Vorgang der Arbeitsteilung und Differenzierung oder Spezialisierung gleich zu Beginn der Embryogenese etwas näherzukommen. *Die erste Gliederung in drei Keimblätter erscheint als Beginn der im weiteren Fortschreiten unendlich komplizierten Organbildung. Kennzeichnet sie, so fragen wir, drei ganzheitliche Leistungsgruppen?*

Während die befruchtete Eizelle alle für ihr Leben und ihre Entwicklung zum Organismus notwendigen Funktionen pluripotent in sich vereinigt und diese Pluripotenz oder Omnipotenz noch nach der ersten Zellteilung in beiden Tochterzellen erhalten ist, entsteht durch weitere Teilungen eine Zellkugel, deren Zellen und Zellkomplexe nicht mehr zur selbständigen Existenz und fehlerfreien Entwicklung befähigt, vielmehr vereinseitigt sind in Richtung auf spätere Spezialisierung. Aus einer maulbeerartigen Kugel entsteht nach Aufsaugung oder Verzehr der inneren Zellen, durch Einstülpung die Gastrulaform: Von den die Oberfläche der Kugel bildenden und das primitive Individualgebilde nach außen abgrenzenden Zellen wird der eine Teil eingestülpt und eingeschoben und nunmehr zur Innenwand des entstehenden Säckchens, während der andere Teil weiterhin die äußere Abgrenzung des jungen Subjekts darstellt. In diesem Stadium unterscheiden wir eine Innenhaut und eine Außenhaut: Entoderm und Ektoderm (ALLMAN 1853).[2]) Wenig später schiebt sich durch Abfaltung oder Auswanderung von Zellen ein mittleres Keimblatt zwischen die beiden ersten; das Mesoderm, unter Zusammenwirken von Ento- und Ektoderm.

Im Stadium dieser Keimblattbildung liegt bereits eine Spezialisierung vor, *wenn* wir sie prospektiv im Hinblick auf die späteren Organbildungen betrachten. Wir haben also in diesem Stadium nur drei Primitivorgane, abgesehen von noch formal unerkennbaren, nur potentiell vorbereiteten und später sich differenzierenden organbildenden Zellbezirken. In diesem Gastrulastadium, das auf ein Leben in flüssiger Umwelt abgestimmt ist (wie denn entsprechend dem nur fragmentarisch geltenden biogenetischen Grundgesetz niedere Lebewesen mit Gastrulagestalt im Ozean existieren) übernimmt das *Entoderm* überwiegend und zunehmend den Stoffaustausch. Durch die Öffnung des säckchenartigen Gebildes, den sogenannten Urmund der Gastrula wird eine gewisse Menge der nährstoffhaltigen Umgebung ins Innere eingesaugt. Die Entodermzellen entnehmen daraus Nahrungs- und Aufbausubstanzen und geben Abfall- oder Schlackenstoffe in den inneren Hohlraum zurück, aus dem sie wiederum durch den Urmund ausgestoßen werden. Somit ist bei der Gastrula das Entoderm als Primitivorgan mit der *Gesamtfunktion des Stoffwechsels* betraut. Und *dies gilt auch für die Gesamtheit der Organe, die sich im weiteren Verlauf aus dem Entoderm entwickeln.* Es ist der ganze Verdauungskanal vom Mund bis zum After mit seinen großen Anhangsdrüsen, der Leber, dem Pankreas, auch die sauerstoffaufnehmende Lunge gehört dazu. Das sind geläufige Tatbestände. Was aber in seiner Bedeutung nicht immer vergegenwärtigt wird, ist, *daß der gesamte Stoffwechsel von Anbeginn eine Einheit darstellt* und mit all seinen Organen diesem einen Keimblatt, dem Entoderm, entstammt. Ich meine hier den organismischen Stoffwechsel als organismische Leistung; denn jede einzelne lebende Zelle hat selbstverständlich ihren eigenen Erhaltungsstoffwechsel ohne direkte Beziehung zur Ernährung beziehungsweise zum Stoffaustausch mit der Umwelt. Gerade beim Entoderm stößt es kaum auf Schwierigkeiten, wenn wir ihm prospektiv und global die Funktion des Stoffwechsels zuteilen. Stoffwechsel gehört zu den Grundeigenschaften des Lebens. Wir ziehen Gewinn daraus, wenn wir uns vor Augen halten, daß die gesamten dem Stoffwechsel des Organismus dienenden Organe aus einer der ersten Ausgliederungen, dem inneren Keimblatt, entstehen. Das ist ein Hinweis, daß der Stoffwechsel sowohl beim Tier als auch beim Menschen von Anbeginn eine Einheit ist, nicht als Resultante von Teilen. In der Forschung und in den Lehrbüchern wird diese große Funktionseinheit wie in einem Sektionskurs zerlegt. Man spricht von dem Stoffwechsel der Eiweiße, der Kernsubstanzen, der Fette, der Kohlenhydrate, des Eisens, der Vitamine usw. Gewiß ist das nötig und nützlich, auch ergebnisreich beim Forschen. Aber gerade nachdem unendlich viel an Einzelheiten ermittelt ist, wird es nötig, die erstaunliche Vernetzung der vielen Einzelvorgänge zu beachten, aus der die vitale Chemie der Organismen die mannigfachsten Vorteile zieht durch Wegwahl, fakultative Schaltungen, durch produktive Umwege, durch Auswege und Substitutionen. Die benutzten chemischen Kunstgriffe der enzymatischen Steuerung sind für den Chemiker schwer nachzuahmen, sie erbringen oft Sparsamkeit und elastische Anpassungsfähigkeit. Anpassungsfähigkeit sowohl an quantitativ und qualitativ wechselnden Bedarf in bezug auf Bau- und Betriebsstoffe als auch an in Zusammensetzung und Energiewert wechselnde und ja ohnehin rhythmische Nahrungszufuhr. Im unablässigen Fließbandgang der Ernährung stellt die variabelsten und oft höchsten Anforderungen die energieverausgabende Muskelarbeit mit ihrem Sog für oxydablen Betriebsstoff. Neuerdings weitgehend bekannte Enzymketten, über die unsere Kenntnisse sich sozusagen täglich vermehren, bedeuten in diesem Fließbandgang eine Impulsquantelung, die an den Gabelungen des innig vernetzten Stoffwechselbetriebes Wegwahl und wechselnde Produktionsziele je nach Bedarf der Teile des Organismus und je nach Möglichkeit und Zusammensetzung des Nachschubes begünstigen. Schalt- und Hemmstoffe greifen ein; sogar Rückläufigkeit von Teilreaktionen wird möglich, so daß ein vollständiger Überblick über das, was von Augenblick zu Augenblick geschieht, mit seinen unglaublichen Variationen vom Arzt und vom Physiologen nicht bewältigt werden kann. Selbstverständlich ist die Aufdeckung ganz präziser Störpunkte von sehr großer Bedeutung, wie ein spezifischer Enzymdefekt, sonstiger Wirkstoffmangel oder -überschuß. Aber gerade durch die sich uns erschließende *Verflechtung der Betriebsstraßen* und ihre *funktionelle Elastizität*, die auch Umwege, Ersatzwege, funktionelle *Notordnungen* und *Notgleichgewichte* zuläßt, wird besonders der Kliniker heute mehr als früher, auf die große Einheit der Stoffwechselvorgänge hingewiesen.

Ich wähle als Beispiel nur die Zuckerkrankheit, mit der ich mich ziemlich viel beschäftigt habe (während ich für Entwicklungsgeschichte und Keimblätterfunktionen nicht habilitiert bin und meine heutigen Betrachtungen gerade deshalb in diesem Kreis vorbringe). Wir können heute *den Diabetes nicht mehr schlechthin als eine Störung des Kohlenhydratstoffwechsels bezeichnen,* wie es noch vor kurzem und gerade vor kurzem geschah und obwohl eine Störung des Kohlenhydratstoffwechsels für den oberflächlichen Betrachter im Vordergrund steht. Die Krankheits*entstehung* ergibt sich oft aus mehr als einem funktionellen Fehlgang. Auch zivilisationsbedingtes Fehlverhalten ist oft beteiligt. Ins Krankheits*geschehen* sind stets andere Stoffwechselsparten einbezogen, insbesondere der Fettstoffwechsel. *Sekundär* können die vielseitigsten Stoffwechselstörungen, auch zum Beispiel Avitaminosen, einbezogen werden. Und auch das *helfende Insulin* hat mehr als einen Angriffspunkt. *Diabetes ist eine Stoffwechselkrankheit,* die in Erscheinung tritt, wenn der Organismus eine Funktionsschwäche oder eine Mehrheit von solchen nicht mehr mit eigenen Mitteln ausregulieren kann. Deshalb wurde er auch als *Regulationskrankheit* bezeichnet. Wir heilen sie nicht, aber wir helfen dem Kranken zur Einregulierung einer oft recht guten Notordnung, unter der er als ein bedingt Gesunder leben und einen Beruf ausüben kann.

Ich beschränke mich auf dieses Beispiel, um über die beiden anderen Keimblätter zu sprechen.

Das *Ektoderm* bildet im Gastrulastadium die äußere Hülle. *Es begrenzt das primitive Subjekt gegen die Umwelt, macht es morphologisch zum Individuum, schützt es bis zu einem gewissen Grade. Zugleich aber ist es Kontaktorgan zur Umwelt,* in dem sich schon früh gewisse Qualitäten der *Reizbarkeit* und *Sensibilität* zeigen. Im Laufe der weiteren Entwicklung macht das Ektoderm unerhörte Wandlungen durch. Aus ihm bilden sich nicht nur die endgültige Hautdecke, sondern alle Sensibilitäts- und Sinnesorgane, darunter die funktionell entscheidenden Teile des Auges[3]), das innere Ohr, der Vestibularapparat, Organ für Gleichgewicht und Raumsinn mit den entsprechend den drei Dimensionen angeordneten Bogengängen. Und es bildet sogar durch Faltungen und Einstülpungen das ganze zentrale Nervensystem – Gehirn und Rückenmark, von dem wiederum in einem erstaunlichen Entwicklungsprozeß Nerven in alle Teile des endgültigen Organismus aussprossen. Auch die entodermalen Organe werden, ein wenig indirekt, über das sogenannte vegetative Nervensystem mit seinen Ganglien, die einen deutlichen Grad von Autonomie ermöglichen, durch vom Zentralnervensystem aussprossende Nerven erreicht. Und wenn die im Ursprung, in der befruchteten Eizelle, mit Selbstverständlichkeit vorhandene Einheit des Organismus im Zuge der Spezialisierung von zahllosen Organen und Funktionen, Gleichgewichten und Homöostasen bedroht sein könnte – wie denn jede Spezialisierung eine gewisse Selbständigkeit oder Autonomie herbeiführt –, so wird die Einheit und Ganzheit erhalten oder Zug um Zug wieder hergestellt durch dieses vom Zentrum aus in alle Winkel des Organismus vordringende Telegrafensystem. *Gehirn und Nervensystem sind ektodermalen Ursprungs.* Das lehrt die Entwicklungsgeschichte seit etwa 100 Jahren. Daher darf man, wie mir scheint, die Funktionen des ganzen Nervensystems und speziell des Gehirns in dem Sinne auf- und zusammenfassen, daß sie der Wahrung der Individualität dienen (der Unteilbarkeit des Subjektes), der *Abgrenzung und Verteidigung gegen die Außenwelt sowie anderseits dem Kontakt mit ihr* und der Daseinsgestaltung in ihr. Auch wenn das Zentralnervensystem im Zuge der Einfaltungsvorgänge in das Innere des Körpers gerät und sogar mit einer schützenden Knochendecke bedacht wird, auch wenn somit seine ektodermale Herkunft sich gewissermaßen verheimlicht, so ist doch seine Funktion ganz global oder primitiv betrachtet, die Sicherung und Erhaltung des Subjektes, zugleich des Kontaktes, der Orientierung und Kontaktsuche nach außen und durch die Entwicklung des Gedächtnisses sogar des Kontaktes mit Vergangenheit und Geschichte.

Daß die übermäßige Entwicklung des Großhirns beim Menschen ihn weit über tierisches Leben erhebt, ihm Denken und

Phantasie ermöglicht, ihm Willen und Gewissen und ein ausgeprägtes Bewußsein verleiht, sein Leben in der Welt der Wellen, im Licht, in der Sprache, in der Musik, in der Wissenschaft, in der menschlichen Gesellschaft, in der Geschichte ermöglicht — das alles kann *die globale Vorstellung von der ursprünglichen ektodermalen Gesamtbedeutung* für das Subjekt nicht beeinträchtigen. Die Ganglienzellen des Gehirns sind von allen am höchsten spezialisiert, sie verlieren unter spezialisierter Vereinseitigung die Fähigkeit zur Teilung und Vermehrung, die bei allen anderen Zellen als Grundeigenschaft vorhanden ist.

Man könnte sagen: Das vorher besprochene Entoderm entwickelt die Summe der Organe, denen die allgemeinen chemischen Leistungen für die Lebensbedürfnisse obliegen, auch die Wahrung der chemischen Arteigenheit und sogar die chemische Individualität und Einzigkeit; während die ektodermalen Organe insgesamt die physikalischen Funktionen der Abgrenzung, des Schutzes gegen die Außenwelt sowie des Kontaktes mit ihr vollziehen. *Zwischen Ektoderm und Entoderm besteht Arbeitsteilung in Chemie und Physik der Existenz.* Eine genaue definitorische Trennung von Physik und Chemie ist heute etwas schwierig geworden, während die Tätigkeitsmerkmale des Physikers von denen des Chemikers sich ziemlich „natürlich" unterscheiden. Aus biologischem Blickpunkt könnte man die Leistungsmerkmale der ektodermalen Organe, denen der entodermalen ähnlich gegenüberstellen. Es entsteht die etwas kühne Forderung: Läßt sich entdecken, welche Differenzierung zwischen den Zellen von Ektoderm und Entoderm diese Arbeits- und Leistungsteilung unter Spezialisierung und reziprokem Potenzschwund erklärt oder begleitet. Es wäre zum Beispiel an genartige oder organisatorartige Bestandteile der Keimblattzellen zu denken, um nicht auf vitalistische Entelechien zu verfallen. Hypothetisch könnte man von Ergenen sprechen, die Entwicklungsmuster zur Arbeitsteilung katalysieren.

Das *Mesoderm*, das dritte Keimblatt, das wenig später zwischen den beiden ersten Primitivorganen entsteht, liefert *Stützsubstanzen* – Knochen, Knorpel, Bänder, alles „Bindegewebe“, ferner die Muskeln einschließlich des Herzens. Die Stützgewebe verfestigen das Gebäude innerlich, regeln auch den Turgor – Wassergehalt und Quellungsgrade – die Nieren gehören dazu, auch das Rindenorgan der Nebenniere. Sie haben *entscheidenden Anteil an der Gestaltbildung und -gliederung im wörtlichen Sinne.* Mesodermal ist ferner der *Bewegungsapparat*, der freilich durch Nerven unter die Abhängigkeit des etwas älteren ektodermalen Kontaktorgans gerät. *Die mesodermalen Organe und Gewebe ermöglichen Halt und Haltung und formen die für die arteigenen Bewegungen zweckmäßige Gestalt.* Dieser müssen sich die im weiteren Verlauf vielseitig spezialisierten und differenzierten inneren entodermalen Organe formal anpassen und einfügen. Sie erscheinen uns ja wie in die äußere Gestalt eng verstaut und verpackt. Sie machen nicht die Gestalt*); das Mesoderm liefert die Organe der Haltung, aber auch der mechanischen Bewegung, auch der Blutbewegung. Es wird in seinen spezialisierten Bildungen zugleich Organ der weiterhin sich entwickelnden und abschließenden Gestaltbildung im Laufe des Lebens, Organ der prägenden Praxis, zugleich Werkzeug und Werk des Werkens und Wirkens. *Die Gestalt wird zum Wesensausdruck der arthaften und bis zu einem gewissen Grade auch der individuellen funktionellen Ganzheit und Wesenheit*, ist wie das Mimema der Lebensrolle.

Form und Bewegung, Gestalt und Leistung gehören zueinander, bedingen sich gegenseitig im Kreisgeschehen. Bis in die individuellsten Eigenheiten gilt dies. Tenue und Allure charakterisieren nicht nur die Art, zum Beispiel auch den homo sapiens, sondern sogar das einzelne Exemplar, das menschliche oder tierische Einzelwesen, wie es genetisch geprägt ward und

---

*) Auch das hochentwickelte und gegliederte Gehirn ist gedrängt verpackt, nicht gestaltbildend.

in seiner Umwelt, seinem Lebensprozeß aktiv fügt und passiv sich fügt – geprägte Form, die lebend sich entwickelt. *Die Gesamtphysiognomie entsteht aus mesenchymaler Plastik.* Funktion formt das Organ, Funktion formt auch die Gestalt. Artgeschichte prägt die Art, das Lebensgeschehen des einzelnen überprägt das Einzelwesen.

Das Funktionsgebiet des Mesoderms ist, prospektiv gesehen, Mechanik – mit Statik, Kinetik, Dynamik – und somit Mittel für die Auswirkung der agierenden ektodermalen Gesamtfunktionen einschließlich des Nervensystems, das, wie gesagt, von außen bis zur letzten Zelle in den Körper hineinsproßt. – *Anderseits vollzieht das Mesoderm später mit der Muskulatur in großem Maßstab die Umsetzung von Stoff in Energie* und ist hierdurch – sowie durch die Speicherung von Kraftstoff im Fettgewebe aufs engste mit den entodermalen Stoffwechselfunktionen verbunden, oft führend und fordernd, nutzend und verwertend, sowie speichernd. Ja, es können Muskulatur und Fettdepots in besonderem Sinne geradezu auch als Stoffwechselorgane betrachtet werden.

So wirken die mesodermalen Funktionen entsprechend ihrer Entstehung zwischen denen des Ektoderms und des Entoderms. Man ist versucht zu sagen: im Sinne der Zwischenstellung, die das Mesoderm von Anfang an hat. Unter dem Aspekt der Gestaltbildung, Bewegung, Energieerzeugung *wird aus der Zwischenstellung eine Mittelstellung, die leistungsmäßig das Wesen des Organismus objektiv ausdrückt* – durch Gestalt, Haltung, Bewegung, Mimik. Homer kennt unser Wort „Körper“ nicht. Im homerischen Frühgriechisch steht dafür: die Glieder.

Das über die drei Keimblätter Gesagte wird vielleicht anschaulicher und überzeugender, wenn wir uns vergegenwärtigen: Der Kopf mit Gehirn und Sinnesorganen ist überwiegend ektodermal, Brust und Bauch, der Körperstamm überwiegend entodermal, Arme und Beine sind überwiegend mesodermale Gebilde.

Wenn wir – nur als *Gleichnis* – die globalen Funktionen der

Keimblätter beziehungsweise ihrer Nachfolgeorgane auf menschliche Berufe, also Leistungsteilungen übertragen, so könnte man sagen: im Entoderm wirkt ein sehr guter Chemiker, unterstützt von einem vorzüglichen Kollektiv enger Spezialisten. Im Ektoderm wirkt ähnlich ein hervorragender Physiker, der mit seinem Kollektiv vor allem die Wellen-Physik beherrscht. Ihm untersteht auch das Gehirn und somit die zentrale Leitung; auch das Denken vollzieht sich doch wohl überwiegend unter Ausnutzung physikalischer Vorgänge, ist mehr Physik als Chemie, und zwar Wellenphysik. Im Mesoderm sehen wir ein gemischtes Kollektiv am Werk. Zu ihm gehört ein sehr guter Statiker, zusammenwirkend mit einem künstlerischen Plastiker und einem Ingenieur für Maschinen, die mechanische Energie erzeugen. Letzterer ist auf die Lieferung von potentieller Energie durch den Chemiker angewiesen und die Mechanik ist ja auch ein Teil der Physik. So würde *wiederum die Mittelstellung des Mesoderms* gekennzeichnet. – *Wir lassen uns davon führen, daß formale und strukturelle Gliederungen im Organismus oft merkwürdig zutreffend die Organisation der Funktionen widerspiegeln und wenden diese Erfahrung hypothetisch an auf die erste Gliederung des keimenden tierischen Embryos.*

Die *Dreiheit von Physik, Chemie und Gestalt der Existenz* scheint uns *drei wesentliche Aspekte des Lebens* darzustellen, wobei im Falle des homo sapiens die überragende Rolle des Geistes zwar als ein Besonderes und Außerordentliches hervorgehoben werden muß; sich aber dennoch dem ektodermalen oder sagen wir, cerebralen Funktionsgebiet einfügt. Gerade im Hinblick auf die besondere Entwicklungsart des Menschen, die im Vergleich zu den Primaten überwiegend postembryonal erfolgt, unter Übung und Ausnutzung von Erbanlagen und durch Umwelteinflüsse, lassen sich in unserem Sinne drei nicht ausschließlich erbbedingte Typus-Varianten des Menschen unterscheiden nach Physiognomie und Gestalt; Typen, die uns deutlich begegnen:

1. Der ektodermale, nennen wir ihn lieber den *cerebralen* Typ mit der Untervariante des *visuellen* Typs beim bildenden Künstler, nicht identisch mit dem nur negativ bestimmten asthenischen oder leptosomen Typus, von dem die Mediziner sprechen.
2. Der betont entodermale oder *nutritive* Typ, etwa entsprechend dem digestiven Typ von dem Franzosen SIGAUD.
3. Der stabile und *muskulöse Mesodermtyp*, der sich etwa mit dem athletischen Typ von KRETSCHMER deckt.

Homo sapiens – homo vegetativus – homo faber. [4])

Selbstverständlich gibt es Mischformen zwischen diesen Ordnungstypen und es gibt das *harmonisch geformte griechische Ideal* des Menschen.

Einige meiner Mitarbeiter sagen: Diese Keimblatttheorie sei nicht Medizin und nicht Naturwissenschaft, sie sei Philosophie. Sie haben konventionsgemäß recht. Aber ich habe zweierlei darauf zu erwidern: 1. braucht jede Wissenschaft einen Einschuß von Philosophie, wenn sie zu den Grundlagen und allgemeinen Prinzipien vordringen will. 2. Es kann eine von Phantasie unterstützte Kombination, die sich auf Tatsachen stützt und an Tatsachen weiterhin kontrolliert werden soll, auch durch das Experiment, zu exaktem Untersuchen und neuen Tatsachen führen oder Wege dazu weisen. Es entsteht aus der skizzierten Theorie die Aufforderung, zu untersuchen, wodurch sich Ektodermzellen von Entodermzellen unterscheiden, biochemisch, elektronenmikroskopisch, experimentell-biologisch, und ob es eine Eigenschaft der Ektodermzellen gibt, die ihnen allen gemeinsam ist oder ob wir mindestens diese Eigenschaft irgendwie greifbarer und exakter, für das Kausalbedürfnis befriedigender erfassen können.

Ich habe immerhin eine kurze Inhaltsangabe einer experimentellen Arbeit in dieser Richtung gefunden (J. HOLTFRETER, 1933). [5]) Sie besagt, daß die Zellen der drei Keimblätter bei

Isolierung ganz verschiedene Affinitäten zueinander zeigen. Isolierte mesodermale Zellen suchen sich sowohl mit ektodermalen als auch mit entodermalen zu vereinigen. Dagegen sondern sich ektodermale und entodermale Zellen voneinander ab, zeigen negative Affinität. Wiederum stoßen wir auf die Mittelstellung des Mesoderms.

Ein *Linnésches System der Zellen im tierischen Körper*, das es bisher nicht gibt, wird *auf der Grundlage der Keimblatteinteilung* angeregt, orientiert nach ihren Leistungen und dem Vorgang ihrer Spezialisierung. Wir rücken heran an die Frage nach der Zelldetermination, die als Hauptproblem der Entwicklungsmechanik wiederholt bezeichnet worden ist. Befunde wie diese *Affinitäten zeigen etwas von den Mitteln – die lenkenden Kräfte sind, vielleicht noch für lange, ein Rätsel.*

In meinem Entwurf ist die Sexualität nicht erwähnt, obwohl es mir fernliegt, deren Bedeutung, deren Dynamik und deren Geheimnis zu unterschätzen. Die wenigen Urgeschlechtszellen, die schon früh im Embryo gefunden werden und den Anfang der sogenannten Keimbahn darstellen, vermitteln die vollständige Erbanlage ohne Potenzverlust und Spezialisierung.

Überlegungen und Deduktionen – noch vor kurzem bestand ein großes Mißtrauen dagegen, da Verstand und Phantasie sich irren und versteigen können. Nun aber haben wir durch die theoretische Physik eine gewaltige Rehabilitierung unseres Verstandes als Wahr-Nehmungsorgan erlebt. Diese Rehabilitierung war eine Überraschung, die gerade unsere großen Physiker, an der Spitze Max Planck, stark bewegt und zu Äußerungen des Staunens veranlaßt hat. Kürzlich erinnerte auf einem Naturforscherkongreß der Hamburger Astronom Heckmann an die Verwunderung erregende „Tatsache, daß die schöpferisch mathematisierende Vernunft der Menschen in einer prästabilierten Harmonie mit der objektiven formalen Struktur der Welt steht". *Gegenüber dem großartigen Gebäude des physikalischen Weltbildes fehlt uns noch ein biologisches Weltbild.* Aus der Biologie können wir vielleicht etwas zum Verständnis dieser prästabilierten Harmonie beitragen, wenn wir noch einmal darauf zurückkommen, daß unser Gehirn ein ektodermales Gebilde aus dem Primitivorgan ist, das der Abgrenzung des Individuums, der Trennung von der Außenwelt dient und zugleich dem Kontakt und Verkehr mit ihr. So vielseitig und kompliziert auch die Funktionen und Funktionsmöglichkeiten dieses Gehirns sind und seiner Spezialbezirke, wir können doch in der vorgeschlagenen ontogenetischen Sicht seine Gesamtfunktion auf den einfachen ektodermalen Nenner bringen, daß diese in der Selbstbehauptung der Individuation besteht und zugleich die Verbindung mit der Außenwelt herstellt (in einer coincidentia oppositorum).[6]) So wie die Sinnesorgane, die desselben ektodermalen Ursprungs sind wie unser Großhirn und die uns zwar nicht alle physikalischen Prozesse, nicht alle Wellenlängen wahrnehmen lassen, aber elektiv *einen Ausschnitt, der sich auf unsere Umwelt bezieht* und für unsere Existenz zweckmäßig ist. Über die wunderbare Anpassung unseres Auges an die irdischen Lichtverhältnisse können ganze Bücher geschrieben werden. Ein russischer Kollege, Wawilow, hat das getan. Die Kompliziertheit des Auges und die noch größere Kompliziertheit seiner Entstehung, seiner ontogenetischen Bildung ändert nichts daran, daß es einem einfachen Akt dient, den wir „Sehen“ nennen. Warum sollte nicht *unser Verstandesorgan genau wie das Auge als Kontaktorgan in Anpassung an die uns umgebende Welt entstanden sein und somit ein genetisch habilitiertes Organ der Wahr-Nehmung darstellen*, unter anderem auch für die Auswertung von dem, was uns das Auge vermittelt! Das schlösse Wahrnehmungslücken und Bildung von Hirngespinsten ebenso wenig aus wie optische Täuschungen möglich sind. Und wenn Albert Einstein gesagt hat: „Das ewig Unbegreifliche an der Welt ist ihre Begreiflichkeit“, so ist ein biologischer Beitrag hierzu, daß unser Begriffsvermögen sich an die Welt angepaßt hat, so daß wir ihm zwar mit kritischer Vorsicht und der Forderung objektivierender Feststellungen, aber dennoch vertrauen dürfen. Das mathematisierende logische Denken ist unbewußt und vorbewußt, angepaßt an unsere physikalische Umwelt. Das Axiom von der Geraden als kürzestem Weg ist vorhanden in der unbewußten Erfahrung des Kindes und sogar des Tieres durch den Lichtstrahl, der von einem fixierten Gegenstand als ideale Gerade zu seinem Auge führt. Und anderes mehr.

Und durch unsere Existenz in einer *biologischen Umwelt* ist der Mensch „vorentworfen für das *Innewerden von Sinn*". Das ist ein Ausdruck eines Psychologen (LERSCH). Statt „vorentworfen" würde ich sagen: *angepaßt*. Das führte uns zu einer prästabilierten Harmonie auch zwischen unserem Verständnisvermögen für Sinn, unserer menschlichen kategorialen Sinnsuche und der objektiven Sinnhaftigkeit lebendiger Gebilde, ihrer sinnsuchenden Fügung. – Auf die große Problematik der Lenkungen im Lebendigen und ihre Mittel wurde nicht eingegangen – auch wenn ihr Vorhandensein aus unserer Betrachtung herausleuchtet.

Anmerkungen

[1]) Christian Heinrich PANDER: („Beiträge zur Entwicklungsgeschichte des Hühnchens im Eye“, Würzburg 1817), der sich als erster etwas genauer mit den Keimblättern beschäftigt hat, spricht von den beiden *Blättern der Keimhaut*, die sich im bebrüteten Ei des Hühnchens gegen die 12. Stunde abzeichnen. Er nennt sie auch 2 verschiedene Lamellen und bezeichnet die äußere, durchscheinende als „seroses Blatt“, die innere als Schleimblatt. Später entstehe zwischen den beiden Blättern der Keimhaut eine dritte, mittlere, in welcher sich die Gefäße bilden, „und die wir daher die Gefäßhaut nennen“. „Eigentlich beginnt in jeder dieser drei Schichten eine eigene Metamorphose und jede eilt ihrem Ziel entgegen; allein, es ist jede noch nicht selbständig genug, um allein das darzustellen, wozu sie bestimmt ist; sie bedarf noch der Hilfe ihrer Gefährtinnen und daher wirken alle drey, obgleich schon zu verschiedenen Zwecken bestimmt, dennoch, bis jede eine bestimmte Höhe erreicht hat, gemeinschaftlich zusammen.“

[2]) Der Zoologie-Professor Dr. Georg James ALLMAN spricht als erster von *Entoderm* und *Ektoderm* in seinem Aufsatz: „On the Anatomy and Physiology of Cordylophora“. (Philosophical Transactions of the Royal Society of London, 143 pg. 368. 1853.

[3]) Bei augenlosen Tieren gibt es Photosensibilität der Haut, auch bei Protisten. Sobald ein ausgegliedertes Spezialorgan (Auge) vorliegt, verliert sich die Photosensibilität der Haut. Manche sagen: nach der Lex parsimoniae naturae (die allenfalls eine Regel bzw. nur eine Möglichkeit ist), eher durch entfallende Übung (Inaktivitätsatrophie). Für die ultraroten Wärmestrahlen, auf deren Perception unser Auge nicht eingerichtet ist, bleibt die Empfindungsfähigkeit der Haut selbst beim Menschen erhalten; ist auch zur Orientierung über die Umwelt sehr wichtig.

[4]) Es liegt mir fern, hiermit eine besondere menschliche Typenlehre schaffen zu wollen. Ich erwähne nur, daß eine solche Analogie sich gewissermaßen aufdrängt. SIGAUD gelangt ohne jede Be-

ziehung zu den Keimblättern oder zur Entwicklungsgeschichte rein aus der morphologischen Erscheinung und *im Hinblick auf Morbiditätstendenzen* zu 4 Typen:

dem Type Cérébral
Type Musculaire
Type Digestif
Type Respiratoire.

C. SIGAUD: „La forme humaine". Paris u. Lyon (A. Maloine) 1914.

[5]) Johannes HOLTFRETER: „Gewebeaffinität – Ein Mittler der embryonalen Formbildung." Archiv für experimentelle Zellforschung Bd. 23, S. 169, Gustav Fischer-Jena, 1939.

[6]) Anmerkung bei der Korrektur: Kürzlich wies die Physiologie-Dozentin Dr. Annemarie KÖNIG auf elektro-encephalographische Studien hin, aus denen die *ständige Umweltbezogenheit* der Hirntätigkeit zu erkennen ist.

Bei Fragen zur Produktsicherheit wenden Sie sich bitte an:
If you have any questions regarding product safety,
please contact:

Walter de Gruyter GmbH
Genthiner Straße 13
10785 Berlin
productsafety@degruyterbrill.com